LESSON 1 — 10 のかけ算

月　　日
正かい
14こ中
こ／合かく 12こ

1 計算をしましょう。

① 5×10

② 10×2

③ 4×10

④ 10×7

⑤ 10×8

⑥ 2×10

⑦ 10×3

⑧ 10×4

⑨ 10×5

⑩ 9×10

⑪ 3×10

⑫ 10×6

⑬ 7×10

⑭ 8×10

答えは 71 ページ

九九を使った計算 ①

1 □にあてはまる数を書きましょう。

❶ $5 \times \boxed{} = 35$

❷ $\boxed{} \times 3 = 18$

❸ $\boxed{} \times 7 = 49$

❹ $3 \times \boxed{} = 24$

❺ $8 \times \boxed{} = 40$

❻ $\boxed{} \times 5 = 20$

❼ $\boxed{} \times 7 = 14$

❽ $9 \times \boxed{} = 72$

❾ $4 \times \boxed{} = 8$

❿ $\boxed{} \times 9 = 9$

⓫ $\boxed{} \times 8 = 56$

⓬ $7 \times \boxed{} = 28$

⓭ $6 \times \boxed{} = 42$

⓮ $\boxed{} \times 5 = 45$

答えは 71 ページ

九九を使った計算 ②

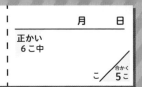
1 □にあてはまる数を書きましょう。

❶ 5×2 は，5×1 より □ だけ大きい。

❷ 9×3 は，9×4 より □ だけ小さい。

❸ 2×4 は，2×3 より □ だけ大きい。

❹ 7×7 は，7×8 より □ だけ小さい。

❺ 6×5 は，6×4 より □ だけ大きい。

❻ 8×5 は，8×6 より □ だけ小さい。

答えは 71 ページ ☞

LESSON 4 分け方とわり算 ①

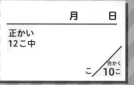

月　　日

正かい
12こ中

こ ╱ 合かく
10こ

1 24 このあめがあります。

❶ 3 人に同じ数ずつ分けるとき，１人分は何こになるか，わり算の式に書いてもとめましょう。
（式）

[　　　　　　　]

❷ １人に 4 こずつ分けるとき，何人に分けられるか，わり算の式に書いてもとめましょう。
（式）

[　　　　　　　]

2 計算をしましょう。

❶ 21÷3

❷ 9÷1

❸ 12÷2

❹ 15÷3

❺ 10÷2

❻ 5÷1

❼ 16÷2

❽ 27÷3

4

答えは 71 ページ ☞

分け方とわり算 ②

1 計算をしましょう。

❶ 15÷5

❷ 40÷5

九九で答えを
見つけよう。

❸ 20÷4

❹ 25÷5

❺ 42÷6

❻ 54÷6

❼ 10÷5

❽ 24÷4

❾ 32÷4

❿ 4÷4

⓫ 36÷6

⓬ 18÷6

⓭ 28÷4

⓮ 30÷5

分け方とわり算 ③

月　　日
正かい
14こ中
こ／合かく 12こ

1 計算をしましょう。

❶ 40÷8

❷ 14÷7

❸ 32÷8

❹ 42÷7

❺ 36÷9

❻ 45÷9

❼ 56÷7

❽ 24÷8

❾ 49÷7

❿ 64÷8

⓫ 81÷9

⓬ 8÷8

⓭ 63÷9

⓮ 18÷9

答えは71ページ

0 のかけ算, 0 のわり算

1 計算をしましょう。

❶ 3×0

❷ 0÷2

❸ 0÷1

❹ 0×7

❺ 8×0

❻ 0÷4

❼ 0÷9

❽ 5×0

❾ 0×1

❿ 0÷5

⓫ 0÷7

⓬ 2×0

⓭ 9×0

⓮ 0÷8

分け方とわり算 ④

1 計算をしましょう。

❶ $50÷5$　　　　❷ $30÷3$

❸ $80÷4$　　　　❹ $60÷2$

❺ $36÷3$　　　　❻ $55÷5$

❼ $48÷4$　　　　❽ $93÷3$

❾ $77÷7$　　　　❿ $24÷2$

⓫ $69÷3$　　　　⓬ $84÷4$

⓭ $42÷2$　　　　⓮ $66÷6$

まとめテスト ①

1 計算をしましょう。

① 10×1

② 2×0

③ 6×0

④ 0×10

⑤ 2×10

⑥ 7×10

⑦ 0×3

⑧ 10×9

⑨ 0×1

⑩ 5×0

⑪ 8×10

⑫ 0×0

⑬ 7×0

⑭ 10×4

答えは 72 ページ

まとめテスト ②

1 計算をしましょう。

❶ 2÷2

❷ 30÷5

❸ 27÷9

❹ 36÷4

❺ 0÷3

❻ 60÷3

❼ 45÷5

❽ 16÷8

❾ 15÷3

❿ 86÷2

⓫ 72÷9

⓬ 0÷6

⓭ 96÷3

⓮ 48÷4

答えは 72 ページ

たし算の筆算 ①

1 計算をしましょう。

❶
```
  134
+ 182
```

❷
```
  156
+ 173
```

❸
```
  123
+ 194
```

❹
```
  346
+ 272
```

❺
```
  252
+ 263
```

❻
```
  485
+ 144
```

❼
```
  563
+ 175
```

❽
```
  374
+ 282
```

❾
```
  613
+ 291
```

❿
```
  453
+ 924
```

⓫
```
  842
+ 736
```

⓬
```
  637
+ 522
```

答えは 72 ページ

たし算の筆算 ②

1 計算をしましょう。

① 　147
　　+155

② 　168
　　+249

③ 　193
　　+338

④ 　405
　　+396

⑤ 　415
　　+398

⑥ 　567
　　+276

⑦ 　254
　　+968

⑧ 　327
　　+884

⑨ 　524
　　+696

⑩ 　734
　　+579

⑪ 　695
　　+659

⑫ 　463
　　+737

答えは 72 ページ

たし算の筆算 ③

1 計算をしましょう。

① 　　1357
　　+2418

② 　　4263
　　+1933

③ 　　5475
　　+2362

④ 　　3496
　　+5186

⑤ 　　7752
　　+1439

⑥ 　　6384
　　+2952

⑦ 　　2847
　　+6983

⑧ 　　5318
　　+3995

⑨ 　　4246
　　+2978

⑩ 　　6328
　　+2695

⑪ 　　3859
　　+4143

⑫ 　　2758
　　+　242

答えは72ページ☞

たし算の虫食い算

1 □にあてはまる数を書きましょう。

❶
```
  2 □ 3
+ □ 1 □
-------
  5 4 1
```

❷
```
  3 □ □
+ □ 4 7
-------
  6 9 3
```

❸
```
  □ □ 7
+ 5 1 □
-------
  7 0 4
```

❹
```
  □ 9 □
+ 8 □ 6
-------
1 5 8 2
```

❺
```
  1 □ 3 □
+ □ 7 □ 4
---------
  5 1 6 3
```

❻
```
  □ 5 □ 9
+ 4 □ 8 □
---------
  7 0 5 1
```

一の位から
考えていこう。

答えは 72 ページ

ひき算の筆算 ①

1 計算をしましょう。

①
$$\begin{array}{r} 252 \\ -139 \\ \hline \end{array}$$

②
$$\begin{array}{r} 346 \\ -128 \\ \hline \end{array}$$

③
$$\begin{array}{r} 473 \\ -118 \\ \hline \end{array}$$

④
$$\begin{array}{r} 561 \\ -328 \\ \hline \end{array}$$

⑤
$$\begin{array}{r} 287 \\ -169 \\ \hline \end{array}$$

⑥
$$\begin{array}{r} 354 \\ -125 \\ \hline \end{array}$$

⑦
$$\begin{array}{r} 236 \\ -173 \\ \hline \end{array}$$

⑧
$$\begin{array}{r} 348 \\ -156 \\ \hline \end{array}$$

⑨
$$\begin{array}{r} 454 \\ -282 \\ \hline \end{array}$$

⑩
$$\begin{array}{r} 519 \\ -245 \\ \hline \end{array}$$

⑪
$$\begin{array}{r} 627 \\ -393 \\ \hline \end{array}$$

⑫
$$\begin{array}{r} 775 \\ -482 \\ \hline \end{array}$$

答えは 72 ページ

ひき算の筆算 ②

1 計算をしましょう。

① 　423
　−167

② 　342
　−158

③ 　416
　−279

④ 　300
　−173

⑤ 　406
　−268

⑥ 　701
　−335

⑦ 　837
　−268

⑧ 　616
　−347

⑨ 　554
　−276

⑩ 　505
　−247

⑪ 　700
　−524

⑫ 　304
　−138

答えは72ページ

ひき算の筆算 ③

1 計算をしましょう。

① 　8462
　−2309

② 　5284
　−1650

③ 　4307
　−2186

④ 　6248
　−5179

⑤ 　3262
　−1754

⑥ 　7206
　−4873

⑦ 　2063
　−1975

⑧ 　4360
　−2784

⑨ 　5247
　−1559

⑩ 　7106
　−6287

⑪ 　3006
　−1439

⑫ 　8000
　−　196

答えは 72 ページ ☞

ひき算の虫食い算

1 □にあてはまる数を書きましょう。

❶
```
   5 □ 6
-  □ 3 □
―――――――
   2 0 9
```

❷
```
   6 □ □
-  □ 2 9
―――――――
   3 5 6
```

❸
```
   □ □ 5
-  5 6 □
―――――――
   1 3 8
```

❹
```
   □ 0 □
-  1 □ 3
―――――――
   7 7 7
```

❺
```
   6 □ 3 □
-  □ 5 □ 1
―――――――――
   2 4 8 5
```

❻
```
   □ 5 □ 0
-  4 □ 3 □
―――――――――
   3 9 0 6
```

くり下がりに
気をつけよう。

答えは 73 ページ

まとめテスト ③

1 計算をしましょう。

① 　234
　+158

② 　356
　+192

③ 　467
　+162

④ 　356
　+547

⑤ 　365
　+379

⑥ 　451
　+279

⑦ 　568
　+472

⑧ 　386
　+628

⑨ 　981
　+549

⑩ 　7360
　+1285

⑪ 　4752
　+1854

⑫ 　3246
　+5759

答えは 73 ページ

まとめテスト ④

1 計算をしましょう。

❶　　3 5 1
　　－2 3 9

❷　　2 8 2
　　－1 6 4

❸　　4 8 5
　　－1 4 7

❹　　5 4 0
　　－2 7 4

❺　　6 8 7
　　－4 9 8

❻　　9 4 5
　　－8 4 7

❼　　6 0 6
　　－3 5 9

❽　　8 0 0
　　－4 5 1

❾　　7 0 3
　　－2 4 8

❿　　1 3 0 2
　　－　5 4 4

⓫　　8 6 4 2
　　－5 7 9 3

⓬　　4 0 0 4
　　－3 7 5 9

答えは 73 ページ ☞

かけ算のきまり ①

1 計算をしましょう。

❶ 2×3×3

❷ 2×1×3

❸ 3×2×4

❹ 3×3×2

❺ 4×2×3

❻ 2×3×4

❼ 2×5×3

❽ 3×2×3

❾ 2×1×2

❿ 2×2×3

⓫ 2×2×4

⓬ 4×1×3

⓭ 2×3×5

⓮ 2×2×5

かけ算のきまり ②

月　日

正かい
14こ中

こ／合かく
12こ

1 計算をしましょう。

❶ 3×(3×2)

❷ 2×(4×2)

❸ 2×(1×2)

❹ 2×(5×2)

❺ 2×(4×5)

❻ 1×(2×4)

❼ 3×(1×4)

❽ 2×(3×1)

❾ 4×(2×3)

❿ 2×(1×5)

⓫ 3×(2×4)

⓬ 4×(2×5)

⓭ 3×(5×2)

⓮ 5×(2×5)

答えは73ページ

大きな数 ①

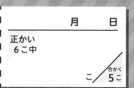
1 ◻ にあてはまる数を数字で書きましょう。

❶ 千を 10 こ集めた数は, ◻ です。

❷ 千を 100 こ集めた数は, ◻ です。

❸ 一万を 3 こ, 千を 7 こ, 百を 5 こ合わせた数は,
◻ です。

❹ 十万を 2 こ, 一万を 4 こ, 千を 2 こ合わせた数は,
◻ です。

0 の数に
気をつけて！

❺ 65000 は, 千を ◻ に集めた数です。

❻ 400000 は, 一万を ◻ に集めた数です。

LESSON
24

大きな数 ②

月　　日

正かい
12こ中

こ／合かく
　　10こ

1 次の数を 10 倍しましょう。

❶ 20

❷ 57

❸ 63

❹ 100

❺ 400

❻ 280

2 次の数を 100 倍しましょう。

❶ 5

❷ 32

❸ 100

❹ 576

❺ 328

❻ 607

大きな数 ③

月　　日

正かい
14こ中

こ／合かく 12こ

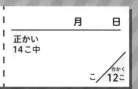

1 次の数を 10 でわりましょう。

① 60

② 10

③ 50

④ 80

⑤ 70

⑥ 90

⑦ 100

⑧ 260

⑨ 450

⑩ 680

⑪ 970

⑫ 340

⑬ 550

⑭ 730

答えは 73 ページ☞

あまりのあるわり算 ①

1 計算をし，あまりも書きましょう。

① 9÷2

② 5÷3

③ 17÷3

④ 26÷4

⑤ 35÷4

⑥ 13÷2

⑦ 29÷3

⑧ 31÷4

⑨ 11÷2

⑩ 14÷3

⑪ 17÷4

⑫ 19÷4

⑬ 29÷4

⑭ 22÷3

答えは74ページ

あまりのあるわり算 ②

1 計算をし，あまりも書きましょう。

① 17÷6

② 11÷5

③ 35÷6

④ 27÷7

⑤ 39÷5

⑥ 51÷6

⑦ 45÷6

⑧ 50÷7

⑨ 58÷6

⑩ 14÷5

⑪ 44÷7

⑫ 39÷7

⑬ 19÷6

⑭ 41÷7

答えは74ページ☞

あまりのあるわり算 ③

1 計算をし，あまりも書きましょう。

❶ $13 \div 8$

❷ $43 \div 9$

❸ $22 \div 9$

❹ $58 \div 8$

❺ $45 \div 8$

❻ $37 \div 8$

❼ $77 \div 9$

❽ $65 \div 8$

❾ $30 \div 8$

❿ $61 \div 9$

⓫ $74 \div 9$

⓬ $55 \div 8$

⓭ $11 \div 9$

⓮ $80 \div 9$

答えは 74 ページ

たし算の暗算

1 暗算でしましょう。

❶ 46+10

❷ 30+59

❸ 23+15

❹ 58+22

❺ 19+31

❻ 63+17

❼ 38+25

❽ 65+29

❾ 34+47

❿ 84+40

⓫ 96+53

⓬ 72+87

⓭ 45+55

⓮ 68+56

ひき算の暗算

1 暗算でしましょう。

① 46−23

② 56−31

③ 69−47

④ 75−13

⑤ 50−23

⑥ 30−16

⑦ 80−69

⑧ 23−16

⑨ 92−75

⑩ 63−36

⑪ 44−17

⑫ 100−37

⑬ 100−78

⑭ 100−54

答えは74ページ☞

まとめテスト ⑤

1 計算をしましょう。

❶ 2×4×6

❷ 3×2×5

❸ 4×(2×4)

❹ 7×(3×2)

2 ☐にあてはまる数を数字で書きましょう。

❶ 一万を 7 こ，千を 5 こ，十を 2 こ合わせた数は，

☐ です。

❷ 73000 は，千を ☐ こ集めた数です。

❸ 千を 800 こ集めた数は，☐ です。

3 次の数を書きましょう。

❶ 408 を 100 倍した数

[　　　　　]

❷ 860 を 10 でわった数

[　　　　　]

答えは 74 ページ☞

まとめテスト ⑥

1 計算をし，あまりも書きましょう。

❶ $26 \div 3$ 　　　　❷ $33 \div 5$

❸ $38 \div 4$ 　　　　❹ $15 \div 2$

❺ $60 \div 8$ 　　　　❻ $65 \div 7$

2 暗算でしましょう。

❶ $48 + 14$ 　　　　❷ $69 + 28$

❸ $52 + 76$ 　　　　❹ $86 + 49$

❺ $35 - 23$ 　　　　❻ $87 - 43$

❼ $40 - 22$ 　　　　❽ $73 - 37$

答えは74ページ☞

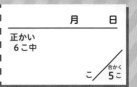
1 次の時間をもとめましょう。

❶ 午前 8 時 40 分から午前 9 時 10 分まで

[　　　　　]

❷ 午後 3 時から午後 6 時 10 分まで

[　　　　　]

❸ 午後 1 時 20 分から午後 4 時まで

[　　　　　]

❹ 午前 11 時から午後 3 時 50 分まで

[　　　　　]

❺ 午前 10 時 40 分から午後 2 時まで

[　　　　　]

❻ 午前 9 時 50 分から午後 2 時 30 分まで

[　　　　　]

答えは 75 ページ ☞

時間の計算 ②

1 次の時こくをもとめましょう。

❶ 午前 9 時 30 分の 40 分後

[　　　　　　　　　　]

❷ 午後 2 時 50 分の 1 時間 30 分後

[　　　　　　　　　　]

❸ 午前 10 時 20 分の 4 時間 50 分後

[　　　　　　　　　　]

❹ 午後 4 時 30 分の 50 分前

[　　　　　　　　　　]

❺ 午前 10 時 20 分の 2 時間 40 分前

[　　　　　　　　　　]

❻ 午後 1 時 20 分の 4 時間 40 分前

[　　　　　　　　　　]

答えは 75 ページ

時間の計算 ③

月　　日

正かい
6こ中

こ／合かく **5**こ

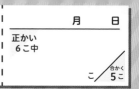

1　□にあてはまる数を書きましょう。

❶ 3分 ＝ □ 秒

❷ 2分20秒 ＝ □ 秒

❸ 5分40秒 ＝ □ 秒

1分は何秒
だったかな?

❹ 120秒 ＝ □ 分

❺ 100秒 ＝ □ 分 □ 秒

❻ 230秒 ＝ □ 分 □ 秒

答えは75ページ☞

長さの計算 ①

1 ☐ にあてはまる数を書きましょう。

❶ 3 km= ☐ m

❷ 6000 m= ☐ km

❸ 2 km 800 m= ☐ m

❹ 4300 m= ☐ km ☐ m

❺ 4 km 50 m= ☐ m

❻ 10080 m= ☐ km ☐ m

答えは75ページ

長さの計算 ②

1 計算をしましょう。

❶ 1 km 300 m＋800 m

❷ 3 km 400 m＋2 km 700 m

❸ 2 km 600 m＋5 km 400 m

❹ 2 km 500 m－700 m

❺ 3 km 200 m－1 km 800 m

❻ 4 km－2 km 70 m

重さの計算 ①

1 ◻︎にあてはまる数を書きましょう。

❶ 4 kg = ◻︎ g

❷ 8000 g = ◻︎ kg

❸ 3 kg 100 g = ◻︎ g

❹ 2900 g = ◻︎ kg ◻︎ g

❺ 3 kg 40 g = ◻︎ g

❻ 6040 g = ◻︎ kg ◻︎ g

答えは 75 ページ☞

重さの計算 ②

1 □にあてはまる数を書きましょう。

❶ 3 t = □ kg

❷ 4000 kg = □ t

❸ 2 t 500 kg = □ kg

❹ 7200 kg = □ t □ kg

❺ 1 t 50 kg = □ kg

❻ 3220 kg = □ t □ kg

重さの計算 ③

1 計算をしましょう。

❶ 2 kg 600 g＋700 g

❷ 2 kg 300 g＋4 kg 900 g

❸ 3 t 200 kg＋4 t 800 kg

❹ 5 kg 100 g－600 g

❺ 4 kg 500 g－1 kg 900 g

❻ 5 t－1 t 90 kg

答えは 75 ページ ☞

1 次の時間や時こくをもとめましょう。

❶ 午後2時20分から午後4時30分までの時間

[　　　　　　　　　]

❷ 午前10時30分から午後5時10分までの時間

[　　　　　　　　　]

❸ 午前9時40分の3時間45分後の時こく

[　　　　　　　　　]

2 ☐にあてはまる数を書きましょう。

❶ 1分30秒＝ ☐ 秒

❷ 4分＝ ☐ 秒

❸ 2分15秒＝ ☐ 秒

❹ 85秒＝ ☐ 分 ☐ 秒

まとめテスト ⑧

1 □にあてはまる数を書きましょう。

❶ 3 kg 600 g＝ □ g

❷ 4000 m＝ □ km

❸ 1 t 5 kg＝ □ kg

2 計算をしましょう。

❶ 3 km 100 m−700 m

❷ 3 kg 900 g＋1 kg 600 g

❸ 6 km−2 km 3 m

答えは 76 ページ☞

何十のかけ算

1 計算をしましょう。

❶ 20×3

❷ 30×4

❸ 60×7

❹ 50×8

❺ 30×6

❻ 80×4

❼ 40×5

❽ 20×9

❾ 60×8

❿ 70×2

⓫ 50×9

⓬ 40×7

⓭ 80×2

⓮ 90×8

答えは 76 ページ☞

何百のかけ算

月　　　日

正かい
14こ中

こ／合かく 12こ

1 計算をしましょう。

① 100×6

② 300×5

③ 400×3

④ 600×9

⑤ 500×4

⑥ 200×7

⑦ 200×5

⑧ 800×8

⑨ 300×9

⑩ 500×2

⑪ 700×7

⑫ 400×6

⑬ 600×3

⑭ 900×4

答えは 76 ページ☞

2けた×1けた の筆算 ①

月　　日

正かい
12こ中

こ／合かく
10こ

1 計算をしましょう。

❶
```
  1 1
×   6
```

❷
```
  1 3
×   3
```

❸
```
  1 4
×   2
```

❹
```
  3 1
×   2
```

❺
```
  2 2
×   4
```

❻
```
  4 2
×   2
```

❼
```
  2 2
×   3
```

❽
```
  3 4
×   2
```

❾
```
  3 0
×   3
```

❿
```
  3 3
×   2
```

⓫
```
  3 1
×   3
```

⓬
```
  2 3
×   3
```

答えは 76 ページ☞

2けた×1けた の筆算 ②

1 計算をしましょう。

① 　１２
　×　５

② 　１７
　×　５

③ 　２６
　×　３

④ 　２５
　×　３

⑤ 　４６
　×　２

⑥ 　１５
　×　４

⑦ 　３７
　×　２

⑧ 　２８
　×　２

⑨ 　４９
　×　２

⑩ 　１８
　×　４

⑪ 　１３
　×　７

⑫ 　１９
　×　５

答えは 76 ページ

2けた×1けた の筆算 ③

1 計算をしましょう。

❶　　2 1
　　× 　8

❷　　4 1
　　× 　5

❸　　3 0
　　× 　7

❹　　8 5
　　× 　5

❺　　3 2
　　× 　7

❻　　1 5
　　× 　8

❼　　2 6
　　× 　4

❽　　7 6
　　× 　8

❾　　4 7
　　× 　9

❿　　3 9
　　× 　6

⓫　　5 8
　　× 　7

⓬　　7 8
　　× 　8

答えは 76 ページ☞

2けた×1けた の虫食い算

1 □にあてはまる数を書きましょう。

❶
```
    2 [ア]
  ×   3
  [イ] 9
```

❷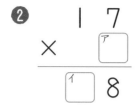
```
    1 7
  ×  [ア]
  [イ] 8
```

❸
```
  [ア] 6
  × [イ]
  1 8 0
```

❹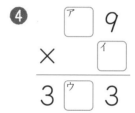
```
  [ア] 9
  × [イ]
  3 [ウ] 3
```

❺
```
  [ア] 6
  ×   9
  6 [イ] [ウ]
```

❻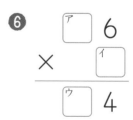
```
  [ア] 6
  × [イ]
  [ウ] 4
```

❻一の位からイは2つ考えられるね。

48

答えは76ページ

3けた×1けた の筆算 ①

1 計算をしましょう。

① 　1 2 3
　×　　2

② 　2 1 2
　×　　4

③ 　1 3 1
　×　　3

④ 　1 2 6
　×　　3

⑤ 　2 1 8
　×　　4

⑥ 　1 3 8
　×　　2

⑦ 　1 1 4
　×　　6

⑧ 　1 0 5
　×　　6

⑨ 　2 2 4
　×　　3

⑩ 　2 1 5
　×　　4

⑪ 　1 0 8
　×　　4

⑫ 　1 2 4
　×　　4

答えは 77 ページ☞

3けた×1けた の筆算 ②

1 計算をしましょう。

❶
```
  1 4 3
×     3
```

❷
```
  1 3 1
×     5
```

❸
```
  1 5 2
×     4
```

❹
```
  1 9 4
×     2
```

❺
```
  2 7 3
×     3
```

❻
```
  1 2 1
×     8
```

❼
```
  1 6 1
×     4
```

❽
```
  1 3 2
×     4
```

❾
```
  3 8 2
×     2
```

❿
```
  2 6 2
×     2
```

⓫
```
  1 3 1
×     6
```

⓬
```
  1 6 4
×     2
```

答えは 77 ページ

3けた×1けた の筆算 ③

1 計算をしましょう。

①
$$\begin{array}{r} 147 \\ \times\ \ 3 \\ \hline \end{array}$$

②
$$\begin{array}{r} 237 \\ \times\ \ 4 \\ \hline \end{array}$$

③
$$\begin{array}{r} 134 \\ \times\ \ 5 \\ \hline \end{array}$$

④
$$\begin{array}{r} 777 \\ \times\ \ 4 \\ \hline \end{array}$$

⑤
$$\begin{array}{r} 369 \\ \times\ \ 3 \\ \hline \end{array}$$

⑥
$$\begin{array}{r} 389 \\ \times\ \ 6 \\ \hline \end{array}$$

⑦
$$\begin{array}{r} 448 \\ \times\ \ 7 \\ \hline \end{array}$$

⑧
$$\begin{array}{r} 279 \\ \times\ \ 4 \\ \hline \end{array}$$

⑨
$$\begin{array}{r} 336 \\ \times\ \ 6 \\ \hline \end{array}$$

⑩
$$\begin{array}{r} 265 \\ \times\ \ 8 \\ \hline \end{array}$$

⑪
$$\begin{array}{r} 759 \\ \times\ \ 7 \\ \hline \end{array}$$

⑫
$$\begin{array}{r} 235 \\ \times\ \ 9 \\ \hline \end{array}$$

3けた×1けた の虫食い算

1 □にあてはまる数を書きましょう。

①
```
      1 2 [ア]
  ×       7
   [イ][ウ] 4
```

②
```
      3 [ア] 5
  ×        [イ]
      9  4 [ウ]
```

③
```
   [ア] 2 [イ]
  ×        9
    3 [ウ][エ] 1
```

④
```
      2 [ア] 7
  ×        [イ]
    1  2  4 [ウ]
```

⑤
```
   [ア] 0 [イ]
  ×        9
   [ウ][エ] 9
```

⑥
```
      5  3 [ア]
  ×         [イ]
   [ウ][エ] 5 9
```

⑥アとイの組み合わせは
4通りあるよ。

答えは77ページ

かけ算の暗算 ①

1 暗算でしましょう。

① 11×7

② 13×3

③ 23×2

④ 41×2

⑤ 33×3

⑥ 24×2

⑦ 12×5

⑧ 23×4

⑨ 36×2

⑩ 16×4

⑪ 19×3

⑫ 13×6

⑬ 48×2

⑭ 45×2

答えは 77 ページ

かけ算の暗算 ②

1 暗算でしましょう。

❶ 130×2

❷ 120×4

❸ 320×3

❹ 160×4

❺ 350×2

❻ 170×5

❼ 120×8

❽ 22×30

❾ 14×20

❿ 11×80

⓫ 27×30

⓬ 49×20

⓭ 15×60

⓮ 19×50

答えは 77 ページ

まとめテスト ⑨

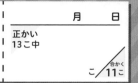
1 計算をしましょう。

❶ 30×8

❷ 70×6

❸ 800×4

❹ 600×5

2 計算をしましょう。

❶
```
  34
×  2
```

❷
```
  35
×  2
```

❸
```
  13
×  7
```

❹
```
  51
×  6
```

❺
```
  64
×  2
```

❻
```
  91
×  7
```

❼
```
  34
×  4
```

❽
```
  62
×  9
```

❾
```
  83
×  8
```

答えは 78 ページ☞

まとめテスト ⑩

1 暗算でしましょう。

① 23×3

② 37×2

③ 24×4

④ 16×6

2 計算をしましょう。

①
```
  102
×   8
```

②
```
  217
×   4
```

③
```
  163
×   2
```

④
```
  182
×   3
```

⑤
```
  264
×   3
```

⑥
```
  158
×   5
```

⑦
```
  139
×   8
```

⑧
```
  747
×   7
```

⑨
```
  349
×   9
```

答えは 78 ページ

何十をかける計算

1 計算をしましょう。

① 13×20

② 56×10

③ 20×30

④ 12×30

⑤ 8×90

⑥ 17×50

⑦ 60×50

⑧ 44×30

⑨ 34×40

⑩ 9×50

⑪ 25×40

⑫ 30×60

⑬ 56×50

⑭ 37×70

答えは78ページ

2けた×2けた の筆算 ①

1 計算をしましょう。

❶　　13
　　×32

❷　　23
　　×21

❸　　11
　　×54

❹　　14
　　×22

❺　　33
　　×22

❻　　42
　　×21

❼　　11
　　×87

❽　　31
　　×32

❾　　12
　　×43

❿　　24
　　×12

⓫　　13
　　×21

⓬　　33
　　×23

2けた×2けた の筆算 ②

1 計算をしましょう。

① 　16
　×19

② 　25
　×24

③ 　26
　×35

④ 　34
　×28

⑤ 　17
　×43

⑥ 　32
　×19

⑦ 　20
　×36

⑧ 　24
　×36

⑨ 　15
　×63

⑩ 　18
　×52

⑪ 　27
　×33

⑫ 　29
　×25

答えは 78 ページ

2けた×2けた の筆算 ③

1 計算をしましょう。

①
```
   25
×  64
```

②
```
   54
×  46
```

③
```
   40
×  35
```

④
```
   36
×  47
```

⑤
```
   60
×  49
```

⑥
```
   57
×  63
```

⑦
```
   86
×  23
```

⑧
```
   47
×  34
```

⑨
```
   70
×  56
```

⑩
```
   73
×  29
```

⑪
```
   38
×  53
```

⑫
```
   66
×  76
```

答えは 78 ページ☞

1 □にあてはまる数を書きましょう。

❶
```
       2 [ア]
  ×  [イ] 3
  ─────────
     [ウ] 5
   1 5 [エ]
  ─────────
 [オ][カ][キ][ク]
```

❷
```
     [ア] 7
  × [イ] 5
  ─────────
     3 [ウ][エ]
 [オ][カ] 8
  ─────────
 [キ][ク] 1 [ケ]
```

❸
```
     [ア][イ]
  × [ウ] 7
  ─────────
     3 7 [エ]
 [オ] 8 [カ]
  ─────────
   5 [キ] 3 [ク]
```

❹
```
     [ア] 8
  × [イ][ウ]
  ─────────
 [エ][オ] 0
 [カ] 4
  ─────────
 [キ][ク][ケ]
```

❹ウ→イ→アの
じゅんに考えよう。

答えは78ページ☞

LESSON

62

3けた×2けた の筆算
ひっ さん

月　　日

正かい
12こ中

こ／合かく
10こ

1 計算をしましょう。

① 　　132
　 × 　23

② 　　241
　 × 　12

③ 　　321
　 × 　22

④ 　　114
　 × 　35

⑤ 　　263
　 × 　31

⑥ 　　248
　 × 　43

⑦ 　　397
　 × 　67

⑧ 　　458
　 × 　59

⑨ 　　697
　 × 　28

⑩ 　　308
　 × 　46

⑪ 　　709
　 × 　33

⑫ 　　206
　 × 　79

答えは79ページ

小　数　①

1 □にあてはまる数を書きましょう。

❶ 0.1 を 6 こ集めた数は, □

❷ 0.1 を 15 こ集めた数は, □

❸ 0.5 は, 0.1 を □ こ集めた数

❹ 0.8 より 0.4 大きい数は, □

❺ 3.2 より 1 小さい数は, □

❻ 2.7 は, 2 より □ 大きい数

❼ 3.6 は, 4 より □ 小さい数

❽ 4.2 は, □ より 0.8 小さい数

答えは 79 ページ☞

小　数　②

1 □にあてはまる数を書きましょう。

❶ 2.3 cm は, 0.1 cm の □ こ分

❷ 300 m＝ □ km

❸ 153 mm＝ □ cm

❹ 0.1 L の 27 こ分は, □ L

❺ 8 dL＝ □ L

❻ 1200 g＝ □ kg

小　数 ③

1 計算をしましょう。

❶ 0.2+0.4

❷ 0.5+0.8

❸ 0.7−0.3

❹ 1.5−0.7

2 計算をしましょう。

❶
```
  1.2
+ 2.4
```

❷
```
  2.6
+ 2.1
```

❸
```
  3.5
+ 1.8
```

❹
```
  4.5
+ 0.5
```

❺
```
  3.7
− 1.2
```

❻
```
  2.9
− 1.5
```

❼
```
  3.1
− 1.9
```

❽
```
  2.6
− 1.7
```

❾
```
  4
− 2.8
```

答えは79ページ

1 □にあてはまる数を書きましょう。

❶ 1 m を 4 等分した 1 こ分の長さは，□ m です。

❷ 1 L を 5 等分した 3 こ分のかさは，□ L です。

等しい大きさに
分けることを
等分するというよ。

❸ $\frac{1}{8}$ の 4 こ分は，□ です。

❹ $\frac{3}{4}$ は，$\frac{1}{4}$ の □ こ分です。

❺ $\frac{7}{10}$ は，$\frac{1}{10}$ の □ こ分です。

❻ $\frac{1}{5}$ の □ こ分は，1 です。

分　数 ②

1 ◻にあてはまる数を書きましょう。

❶ $\dfrac{4}{6}$ と $\dfrac{3}{6}$ では，◻のほうが大きい。

❷ $\dfrac{2}{5}$ と $\dfrac{2}{3}$ では，◻のほうが大きい。

2 ◻にあてはまる等号や不等号を書きましょう。

❶ $\dfrac{7}{10}$ ◻ $\dfrac{8}{10}$

❷ $\dfrac{13}{10}$ ◻ 1

❸ $\dfrac{4}{10}$ ◻ 0.4

❹ $\dfrac{5}{10}$ ◻ 1.5

❺ $\dfrac{9}{7}$ ◻ $\dfrac{6}{7}$

❻ $\dfrac{8}{5}$ ◻ $\dfrac{8}{3}$

答えは 80 ページ

分　数 ③

1 計算をしましょう。

① $\dfrac{1}{5}+\dfrac{3}{5}$

② $\dfrac{2}{4}+\dfrac{1}{4}$

③ $\dfrac{3}{6}+\dfrac{2}{6}$

④ $\dfrac{4}{7}+\dfrac{2}{7}$

⑤ $\dfrac{3}{10}+\dfrac{7}{10}$

⑥ $\dfrac{3}{8}+\dfrac{5}{8}$

⑦ $\dfrac{3}{4}-\dfrac{1}{4}$

⑧ $\dfrac{6}{7}-\dfrac{2}{7}$

⑨ $\dfrac{9}{10}-\dfrac{7}{10}$

⑩ $\dfrac{4}{5}-\dfrac{3}{5}$

⑪ $1-\dfrac{6}{7}$

⑫ $1-\dfrac{2}{9}$

答えは 80 ページ

まとめテスト ⑪

1 計算をしましょう。

❶ 12×70

❷ 53×80

2 計算をしましょう。

❶
```
    40
×   22
```

❷
```
    23
×   18
```

❸
```
    34
×   25
```

❹
```
    29
×   82
```

❺
```
    44
×   55
```

❻
```
    58
×   62
```

❼
```
   536
×   38
```

❽
```
   459
×   24
```

❾
```
   807
×   56
```

答えは 80 ページ

1 計算をしましょう。

① 3.6
　+1.2

② 4.1
　+2.9

③ 2.4
　+3

④ 3.1
　−1.4

⑤ 7.5
　−3.5

⑥ 6
　−1.5

2 計算をしましょう。

① $\dfrac{2}{7}+\dfrac{2}{7}$

② $\dfrac{1}{9}+\dfrac{7}{9}$

③ $\dfrac{4}{10}+\dfrac{6}{10}$

④ $\dfrac{4}{5}-\dfrac{2}{5}$

⑤ $\dfrac{7}{8}-\dfrac{3}{8}$

⑥ $1-\dfrac{2}{6}$

答えは 80 ページ☞

答　え

① 10 のかけ算　　1 ページ

1　❶ 50　❷ 20　❸ 40　❹ 70
　　❺ 80　❻ 20　❼ 30　❽ 40
　　❾ 50　❿ 90　⓫ 30　⓬ 60
　　⓭ 70　⓮ 80

② 九九を使った計算 ①　　2 ページ

1　❶ 7　❷ 6　❸ 7　❹ 8
　　❺ 5　❻ 4　❼ 2　❽ 8
　　❾ 2　❿ 1　⓫ 7　⓬ 4
　　⓭ 7　⓮ 9

③ 九九を使った計算 ②　　3 ページ

1　❶ 5　❷ 9　❸ 2　❹ 7
　　❺ 6　❻ 8

》》考え方 かける数が 1 ふえると，答えは
かけられる数だけ大きくなることをしっか
りおぼえておきましょう。

④ 分け方とわり算 ①　　4 ページ

1　❶（式）24÷3＝8　　　　8 こ
　　❷（式）24÷4＝6　　　　6 人

2　❶ 7　❷ 9　❸ 6　❹ 5
　　❺ 5　❻ 5　❼ 8　❽ 9

》》考え方 ❷ 9÷1 の答えは，1×□＝9 の
□にあてはまる数です。

⑤ 分け方とわり算 ②　　5 ページ

1　❶ 3　❷ 8　❸ 5　❹ 5
　　❺ 7　❻ 9　❼ 2　❽ 6
　　❾ 8　❿ 1　⓫ 6　⓬ 3
　　⓭ 7　⓮ 6

⑥ 分け方とわり算 ③　　6 ページ

1　❶ 5　❷ 2　❸ 4　❹ 6
　　❺ 4　❻ 5　❼ 8　❽ 3
　　❾ 7　❿ 8　⓫ 9　⓬ 1
　　⓭ 7　⓮ 2

⑦ 0 のかけ算，0 のわり算　　7 ページ

1　❶ 0　❷ 0　❸ 0　❹ 0
　　❺ 0　❻ 0　❼ 0　❽ 0
　　❾ 0　❿ 0　⓫ 0　⓬ 0
　　⓭ 0　⓮ 0

》》考え方 どんな数に 0 をかけても，0 に
どんな数をかけても，答えは 0 になりま
す。また，0 を 0 でないどんな数でわっ
ても，答えは 0 になります。

⑧ 分け方とわり算 ④　　8 ページ

1　❶ 10　❷ 10　❸ 20　❹ 30
　　❺ 12　❻ 11　❼ 12　❽ 31
　　❾ 11　❿ 12　⓫ 23　⓬ 21
　　⓭ 21　⓮ 11

⑨ **まとめテスト ①**　　9 ページ

① ❶10 ❷0 ❸0 ❹0
❺20 ❻70 ❼0 ❽90
❾0 ❿0 ⓫80 ⓬0
⓭0 ⓮40

⑩ **まとめテスト ②**　　10 ページ

① ❶1 ❷6 ❸3 ❹9
❺0 ❻20 ❼9 ❽2
❾5 ❿43 ⓫8 ⓬0
⓭32 ⓮12

⑪ **たし算の筆算 ①**　　11 ページ

① ❶316 ❷329 ❸317
❹618 ❺515 ❻629
❼738 ❽656 ❾904
❿1377 ⓫1578
⓬1159

⑫ **たし算の筆算 ②**　　12 ページ

① ❶302 ❷417 ❸531
❹801 ❺813 ❻843
❼1222 ❽1211
❾1220 ❿1313
⓫1354 ⓬1200

⑬ **たし算の筆算 ③**　　13 ページ

① ❶3775 ❷6196
❸7837 ❹8682
❺9191 ❻9336
❼9830 ❽9313

❾7224 ❿9023
⓫8002 ⓬3000

⑭ **たし算の虫食い算**　　14 ページ

① （左からじゅんに,）
❶3, 2, 8 ❷3, 4, 6
❸1, 8, 7 ❹6, 8, 6
❺3, 4, 2, 9
❻2, 4, 6, 2

≫考え方 くり上がりに気をつけながら計算
していきます。この問題にかぎらず，□の
数をもとめたら，かならずもとの計算をし
て，答えをたしかめるようにしましょう。

⑮ **ひき算の筆算 ①**　　15 ページ

① ❶113 ❷218 ❸355
❹233 ❺118 ❻229
❼63 ❽192 ❾172
❿274 ⓫234 ⓬293

⑯ **ひき算の筆算 ②**　　16 ページ

① ❶256 ❷184 ❸137
❹127 ❺138 ❻366
❼569 ❽269 ❾278
❿258 ⓫176 ⓬166

≫考え方 くり下がりが2回あるひき算で
す。十の位の数が0のときは，百の位か
らくり下げます。

⑰ **ひき算の筆算 ③**　　17 ページ

① ❶6153 ❷3634
❸2121 ❹1069
❺1508 ❻2333 ❼88

72

❽1576　❾3688　❿819

⓫1567　⓬7804

⑱ ひき算の虫食い算　18ページ

1 （左からじゅんに，）

❶3，4，7

❷3，8，5

❸7，0，7

❹9，2，0

❺3，0，5，6

❻8，6，4，4

>>>考え方 くり下がりに気をつけながら計算
していきます。

⑲ まとめテスト ③　19ページ

1 ❶392　❷548　❸629

❹903　❺744　❻730

❼1040　❽1014

❾1530　❿8645

⓫6606　⓬9005

⑳ まとめテスト ④　20ページ

1 ❶112　❷118　❸338

❹266　❺189　❻98

❼247　❽349　❾455

❿758　⓫2849　⓬245

㉑ かけ算のきまり ①　21ページ

1 ❶18　❷6　❸24　❹18

❺24　❻24　❼30　❽18

❾4　❿12　⓫16　⓬12

⓭30　⓮20

>>>考え方 ❹ 3×3×2＝9×2＝18

㉒ かけ算のきまり ②　22ページ

1 ❶18　❷16　❸4　❹20

❺40　❻8　❼12　❽6

❾24　❿10　⓫24　⓬40

⓭30　⓮50

>>>考え方 かけ算ばかりの式では，計算のじ
ゅんじょをかえても答えは同じです。
❶ 3×(3×2)＝3×6＝18
21 ページの ❹ 3×3×2 と同じ答えにな
ります。

㉓ 大きな数 ①　23ページ

1 ❶10000　❷100000

❸37500　❹242000

❺65　❻40

㉔ 大きな数 ②　24ページ

1 ❶200　❷570　❸630

❹1000　❺4000

❻2800

2 ❶500　❷3200

❸10000　❹57600

❺32800　❻60700

㉕ 大きな数 ③　25ページ

1 ❶6　❷1　❸5　❹8

❺7　❻9　❼10　❽26

❾45　❿68　⓫97　⓬34

⓭55　⓮73

㉖ あまりのあるわり算 ①　26ページ

1 ❶ 4 あまり 1　❷ 1 あまり 2
❸ 5 あまり 2　❹ 6 あまり 2
❺ 8 あまり 3　❻ 6 あまり 1
❼ 9 あまり 2　❽ 7 あまり 3
❾ 5 あまり 1　❿ 4 あまり 2
⓫ 4 あまり 1　⓬ 4 あまり 3
⓭ 7 あまり 1　⓮ 7 あまり 1

≫考え方 ❼ 3×9+2 の答えは 29 なので，29÷3=9 あまり 2 は正しいということがたしかめられます。あまりがわる数より小さくなっているか注意しましょう。
3×8+5=29 ですが，「29÷3=8 あまり 5」とするのはまちがいです。

㉗ あまりのあるわり算 ②　27ページ

1 ❶ 2 あまり 5　❷ 2 あまり 1
❸ 5 あまり 5　❹ 3 あまり 6
❺ 7 あまり 4　❻ 8 あまり 3
❼ 7 あまり 3　❽ 7 あまり 1
❾ 9 あまり 4　❿ 2 あまり 4
⓫ 6 あまり 2　⓬ 5 あまり 4
⓭ 3 あまり 1　⓮ 5 あまり 6

㉘ あまりのあるわり算 ③　28ページ

1 ❶ 1 あまり 5　❷ 4 あまり 7
❸ 2 あまり 4　❹ 7 あまり 2
❺ 5 あまり 5　❻ 4 あまり 5
❼ 8 あまり 5　❽ 8 あまり 1
❾ 3 あまり 6　❿ 6 あまり 7
⓫ 8 あまり 2　⓬ 6 あまり 7
⓭ 1 あまり 2　⓮ 8 あまり 8

㉙ たし算の暗算　29ページ

1 ❶ 56　❷ 89　❸ 38
❹ 80　❺ 50　❻ 80
❼ 63　❽ 94　❾ 81
❿ 124　⓫ 149　⓬ 159
⓭ 100　⓮ 124

≫考え方 くり上がりのある計算に注意しましょう。
❼ 38+20=58　58+5=63

㉚ ひき算の暗算　30ページ

1 ❶ 23　❷ 25　❸ 22　❹ 62
❺ 27　❻ 14　❼ 11　❽ 7
❾ 17　❿ 27　⓫ 27　⓬ 63
⓭ 22　⓮ 46

≫考え方 くり下がりのある計算に注意しましょう。
❺ 50-20=30　30-3=27

㉛ まとめテスト ⑤　31ページ

1 ❶ 48　❷ 30　❸ 32　❹ 42
2 ❶ 75020　❷ 73
❸ 800000
3 ❶ 40800　❷ 86

㉜ まとめテスト ⑥　32ページ

1 ❶ 8 あまり 2　❷ 6 あまり 3
❸ 9 あまり 2　❹ 7 あまり 1
❺ 7 あまり 4　❻ 9 あまり 2

2 ❶62 ❷97 ❸128
❹135 ❺12 ❻44
❼18 ❽36

㉝ **時間の計算 ①** 　　　**33 ページ**

1 ❶30分
❷3時間10分
❸2時間40分
❹4時間50分
❺3時間20分
❻4時間40分

≫考え方 ❶8時40分から9時までの時間は20分，9時から9時10分までの時間は10分なので，合わせて30分です。

㉞ **時間の計算 ②** 　　　**34 ページ**

1 ❶午前10時10分
❷午後4時20分
❸午後3時10分
❹午後3時40分
❺午前7時40分
❻午前8時40分

≫考え方 ❷1時間後は午後3時50分です。3時50分+30分=3時80分=4時20分

㉟ **時間の計算 ③** 　　　**35 ページ**

1 ❶180 ❷140
❸340 ❹2
❺1, 40 ❻3, 50

≫考え方 1分=60秒です。

㊱ **長さの計算 ①** 　　　**36 ページ**

1 ❶3000 ❷6
❸2800 ❹4, 300
❺4050 ❻10, 80

㊲ **長さの計算 ②** 　　　**37 ページ**

1 ❶2 km 100 m（2100 m）
❷6 km 100 m（6100 m）
❸8 km（8000 m）
❹1 km 800 m（1800 m）
❺1 km 400 m（1400 m）
❻1 km 930 m（1930 m）

㊳ **重さの計算 ①** 　　　**38 ページ**

1 ❶4000 ❷8
❸3100 ❹2, 900
❺3040 ❻6, 40

㊴ **重さの計算 ②** 　　　**39 ページ**

1 ❶3000 ❷4
❸2500 ❹7, 200
❺1050 ❻3, 220

㊵ **重さの計算 ③** 　　　**40 ページ**

1 ❶3 kg 300 g（3300 g）
❷7 kg 200 g（7200 g）
❸8 t（8000 kg）
❹4 kg 500 g（4500 g）
❺2 kg 600 g（2600 g）
❻3 t 910 kg（3910 kg）

㊶ まとめテスト ⑦ 41ページ

1 ❶ 2 時間 10 分

❷ 6 時間 40 分

❸ 午後 1 時 25 分

2 ❶ 90 ❷ 240 ❸ 135

❹ 1, 25

㊷ まとめテスト ⑧ 42ページ

1 ❶ 3600 ❷ 4

❸ 1005

2 ❶ 2 km 400 m（2400 m）

❷ 5 kg 500 g（5500 g）

❸ 3 km 997 m（3997 m）

㊸ 何十のかけ算 43ページ

1 ❶ 60 ❷ 120 ❸ 420

❹ 400 ❺ 180 ❻ 320

❼ 200 ❽ 180 ❾ 480

❿ 140 ⓫ 450 ⓬ 280

⓭ 160 ⓮ 720

≫考え方 かけられる数が 10 倍になると,
答えも 10 倍になります。
❷ 3×4=12 より, 30×4=120

㊹ 何百のかけ算 44ページ

1 ❶ 600 ❷ 1500

❸ 1200 ❹ 5400

❺ 2000 ❻ 1400

❼ 1000 ❽ 6400

❾ 2700 ❿ 1000

⓫ 4900 ⓬ 2400

⓭ 1800 ⓮ 3600

≫考え方 かけられる数が 100 倍になると,
答えも 100 倍になります。

㊺ 2 けた×1 けた の筆算 ① 45ページ

1 ❶ 66 ❷ 39 ❸ 28

❹ 62 ❺ 88 ❻ 84

❼ 66 ❽ 68 ❾ 90

❿ 66 ⓫ 93 ⓬ 69

㊻ 2 けた×1 けた の筆算 ② 46ページ

1 ❶ 60 ❷ 85 ❸ 78

❹ 75 ❺ 92 ❻ 60

❼ 74 ❽ 56 ❾ 98

❿ 72 ⓫ 91 ⓬ 95

㊼ 2 けた×1 けた の筆算 ③ 47ページ

1 ❶ 168 ❷ 205 ❸ 210

❹ 425 ❺ 224 ❻ 120

❼ 104 ❽ 608 ❾ 423

❿ 234 ⓫ 406 ⓬ 624

㊽ 2 けた×1 けた の虫食い算 48ページ

1 ❶ ア 3, イ 6

❷ ア 4, イ 6

❸ ア 3, イ 5

❹ ア 4, イ 7, ウ 4

❺ ア 7, イ 8, ウ 4

❻ ア 1, イ 4, ウ 6

考え方 ❹イ×9 の一の位が 3 なので，イ=7。7×9=63 で 6 くり上がり，7×ア+6 の十の位が 3 になるアは 4 しかありません。(7×4+6=34)
❻イ×6 の一の位が 4 なので，イは 4 か 9 が考えられます。イ=9 のとき，アにどんな数を入れても答えが 2 けたにならないので，イ=4 とわかります。次に，4×6=24 で 2 くり上がり，4×ア+2 の答えが 1 けたになるアは 1 しかありません。

(49) 3けた×1けた の筆算 ① 49ページ

1 ❶246 ❷848 ❸393
❹378 ❺872 ❻276
❼684 ❽630 ❾672
❿860 ⓫432 ⓬496

(50) 3けた×1けた の筆算 ② 50ページ

1 ❶429 ❷655 ❸608
❹388 ❺819 ❻968
❼644 ❽528 ❾764
❿524 ⓫786 ⓬328

(51) 3けた×1けた の筆算 ③ 51ページ

❶441 ❷948 ❸670
❹3108 ❺1107
❻2334 ❼3136
❽1116 ❾2016
❿2120 ⓫5313
⓬2115

(52) 3けた×1けた の虫食い算 52ページ

1 ❶ア 2，イ 8，ウ 5
❷ア 1，イ 3，ウ 5
❸ア 4，イ 9，ウ 8，エ 6
❹ア 0，イ 6，ウ 2
❺ア 1，イ 1，ウ 9，エ 0
❻ア 7，イ 7，ウ 3，エ 7

考え方 ❷イは 9÷3=3 より，3 以下の数だとわかります。イ=2 のとき，アにどんな数を入れても答えの百の位(くらい)は 9 にはならないので，イ=3
❻ア×イ の一の位が 9 なので，アとイの組み合わせは，(ア，イ)=(1，9)，(3，3)，(7，7)，(9，1) が考えられます。この中で，イ×3 に一の位からくり上がる数をたして 5 になるのは (ア，イ)=(7，7) しかありません。
(7×3+4=25)
↑—7×7 の十の位

(53) かけ算の暗算 ① 53ページ

1 ❶77 ❷39 ❸46 ❹82
❺99 ❻48 ❼60 ❽92
❾72 ❿64 ⓫57 ⓬78
⓭96 ⓮90

考え方 ❽ 20×4=80，3×4=12 で，合わせて 80+12=92

(54) かけ算の暗算 ② 54ページ

1 ❶260 ❷480
❸960 ❹640
❺700 ❻850
❼960 ❽660
❾280 ❿880

⑪810　⑫980

⑬900　⑭950

≫考え方 ④ 16×4=64 を暗算でもとめます。かけられる数が 10 倍になると，答えも 10 倍になるので，
160×4=640 です。

(55) まとめテスト ⑨　55 ページ

1 ①240　②420
③3200　④3000

2 ①68　②70　③91
④306　⑤128　⑥637
⑦136　⑧558　⑨664

(56) まとめテスト ⑩　56 ページ

1 ①69　②74　③96　④96

2 ①816　②868　③326
④546　⑤792　⑥790
⑦1112　⑧5229
⑨3141

(57) 何十をかける計算　57 ページ

1 ①260　②560　③600
④360　⑤720　⑥850
⑦3000　⑧1320
⑨1360　⑩450
⑪1000　⑫1800
⑬2800　⑭2590

(58) 2 けた×2 けた の筆算 ①　58 ページ

1 ①416　②483　③594
④308　⑤726　⑥882
⑦957　⑧992　⑨516
⑩288　⑪273　⑫759

≫考え方 計算のじゅんじょをまちがえないようにしましょう。位のたての列をそろえて書くように注意しましょう。

(59) 2 けた×2 けた の筆算 ②　59 ページ

1 ①304　②600　③910
④952　⑤731　⑥608
⑦720　⑧864　⑨945
⑩936　⑪891　⑫725

≫考え方 くり上がりのある計算では，くり上がった数をたすことをわすれないようにします。また，一の位と十の位のかけ算のけっかをたすときにも注意しましょう。

(60) 2 けた×2 けた の筆算 ③　60 ページ

1 ①1600　②2484
③1400　④1692
⑤2940　⑥3591
⑦1978　⑧1598
⑨3920　⑩2117
⑪2014　⑫5016

(61) 2 けた×2 けた の虫食い算　61 ページ

1 ①ア 5，イ 6，ウ 7，エ 0，
オ 1，カ 5，キ 7，ク 5
②ア 6，イ 4，ウ 3，エ 5，
オ 2，カ 6，キ 3，ク 0，
ケ 5

❸ ア 5, イ 4, ウ 9, エ 8,
　　オ 4, カ 6, キ 2, ク 8

❹ ア 2, イ 3, ウ 5, エ 1,
　　オ 4, カ 8, キ 9, ク 8,
　　ケ 0

≫考え方 ❶ 3×アの一の位が 5 なので,
ア＝5。よって, ク＝5
イは 15÷2＝7 あまり 1 より, 7 以下の
数を大きいほうからじゅんにあてはめてい
くと 6 が見つかります。
❷ エ＝ケ＝5 です。
ウ＋8 の一の位が 1 なので, ウ＝3
アは 33−3＝30　30÷5＝6 より, 6 に
なります。
↑──5×7の十の位
❸ 7＋カ の一の位が 3 なので, カ＝6。
キは 3＋8＋1 の一の位なので, 2 です。
オ＝5−1＝4
次に, 37÷7＝5 あまり 2 より, アは 5
以下の数だとわかります。ア＝4 とすると,
イにどんな数を入れても 7×ア＝37 とは
ならないので, ア＝5 ときまります。
次に, 48÷5＝9 あまり 3 より, ウは 9
以下の数だとわかります。ウ＝8 のとき,
イにどんな数を入れても ウ×5＝48 とは
ならないので, ウ＝9 ときまります。
❹ ウ×8 の一の位が 0 なので, ウ＝5
イ×8 の一の位が 4 なので, イは 3 か 8
が考えられます。イ＝8 のとき, アにどん
な数を入れても 2 だん目が 2 けたにならな
いので, イ＝3 とわかります。
次に, ア＝1 のとき, 1 だん目は
5×18＝90 となり, 3 けたになりません。
ア＝2 のとき, 1 だん目は 5×28＝140,
2 だん目は 3×28＝84 となります。
ア＝3 のとき, 2 だん目は 3×38＝114
となり, 2 けたになりません。よって,
ア＝2 とわかります。

㉒ 3けた×2けた の筆算 　62ページ

❶ ❶ 3036 ❷ 2892
　❸ 7062 ❹ 3990
　❺ 8153 ❻ 10664
　❼ 26599 ❽ 27022
　❾ 19516 ❿ 14168
　⓫ 23397 ⓬ 16274

㉓ 小　数 ① 　63ページ

❶ ❶ 0.6 ❷ 1.5 ❸ 5
　❹ 1.2 ❺ 2.2 ❻ 0.7
　❼ 0.4 ❽ 5

㉔ 小　数 ② 　64ページ

❶ ❶ 23 ❷ 0.3
　❸ 15.3 ❹ 2.7
　❺ 0.8 ❻ 1.2

㉕ 小　数 ③ 　65ページ

❶ ❶ 0.6 ❷ 1.3 ❸ 0.4
　❹ 0.8
❷ ❶ 3.6 ❷ 4.7 ❸ 5.3 ❹ 5
　❺ 2.5 ❻ 1.4 ❼ 1.2
　❽ 0.9 ❾ 1.2

㉖ 分　数 ① 　66ページ

❶ ❶ $\frac{1}{4}$ ❷ $\frac{3}{5}$ ❸ $\frac{4}{8}$ ❹ 3
　❺ 7 ❻ 5

67 分 数 ②　　　　67 ページ

1 ❶ $\dfrac{4}{6}$　❷ $\dfrac{2}{3}$

≫考え方 分数の大小をくらべます。
❶分母が同じなので，分子の大きいほうが
大きい分数です。
❷分子が同じなので，分母の小さいほうが
大きい分数です。

2 ❶ $<$　❷ $>$　❸ $=$
　　❹ $<$　❺ $>$　❻ $<$

68 分 数 ③　　　　68 ページ

1 ❶ $\dfrac{4}{5}$　❷ $\dfrac{3}{4}$　❸ $\dfrac{5}{6}$　❹ $\dfrac{6}{7}$

　 ❺ 1　❻ 1　❼ $\dfrac{2}{4}$　❽ $\dfrac{4}{7}$

　 ❾ $\dfrac{2}{10}$　❿ $\dfrac{1}{5}$　⓫ $\dfrac{1}{7}$　⓬ $\dfrac{7}{9}$

69 まとめテスト ⑪　　　　69 ページ

1 ❶ 840　❷ 4240

2 ❶ 880　❷ 414　❸ 850

　 ❹ 2378　❺ 2420

　 ❻ 3596　❼ 20368

　 ❽ 11016　❾ 45192

70 まとめテスト ⑫　　　　70 ページ

1 ❶ 4.8　❷ 7

　 ❸ 5.4　❹ 1.7

　 ❺ 4　❻ 4.5

2 ❶ $\dfrac{4}{7}$　❷ $\dfrac{8}{9}$

　 ❸ 1　❹ $\dfrac{2}{5}$

　 ❺ $\dfrac{4}{8}$　❻ $\dfrac{4}{6}$